Ville du rat musqué

Henri Abbott

Writat

Cette édition parue en 2024

ISBN : 9789359944845

Publié par
Writat
email : info@writat.com

VILLE DE RATES MUSQUÉS

Le cuisinier irlandais proposa un jour au capitaine du navire l'énigme suivante : "Est-ce que quelqu'un est perdu quand tu sais où c'est ?" Le capitaine lui assura que dans ce cas la chose n'était pas perdue. Et Dennis a répondu : "Eh bien, mince, bien sûr , la bouilloire est en sécurité, car elle est au fond de l'océan."

Bige et moi pensions que nous étions perdus. Nous ne connaissions pas le chemin vers notre destination. Nous ne connaissions pas le chemin du retour. Mais réalisant que nous étions au cœur d'une forêt sans piste, nous savions que nous étions parfaitement en sécurité.

Nous avions pris un petit-déjeuner tôt ce matin-là au « Dan'l Boone Camp ». Nous avions préparé des sandwichs pour le déjeuner, les avions emballés dans du papier, attaché les paquets sur les côtés de nos paniers de poisson et étions partis pour Plum Pond, où nous comptions pêcher un peu.

Nous avions marché cinq heures et n'avions pas encore atteint Plum Pond. En effet, nous avions la certitude de l'avoir dépassé, soit à droite, soit à gauche. De plus, il était possible que nous ayons été, depuis une heure, en direction du nord-ouest au lieu du sud-ouest. Il pleuvait et nous n'avions pas consulté la boussole très souvent. Il pleuvait depuis trois heures, et maintenant l'eau tombait à torrent, et nous étions trempés jusqu'aux os. Nos chaussures étaient remplies d'eau et, à mesure que nous avancions dessus, elles claquaient, claquaient à chaque pas. Nous étions déconcertés, mais cela ne servait à rien de s'arrêter ou de faire demi-tour, alors nous avons continué à avancer.

Bientôt, alors que nous franchissions une crête et descendions le flanc escarpé de la colline, nous aperçûmes un endroit dégagé au fond de la vallée. Bige s'est exclamé : "Mon Dieu !! Eh bien, je serai acharné ! Si ce n'est pas Muskrat City." Les cartographes n'avaient pas découvert l'endroit, et Bige n'en avait jamais entendu parler, mais dès l'instant où il l'a vu, il a su que son nom était Muskrat City, et il le restera à moins qu'un acte législatif ne le change.

Au fond d'une vallée profonde, avec des collines escarpées de chaque côté, au centre d'un pré à castors se trouvait un ensemble d'une vingtaine ou plus de huttes en terre de forme conique, d'environ deux pieds et demi de haut et trois pieds de diamètre à la pointe. base. Dans chacune de ces huttes vivaient un rat musqué mâle, sa femme et une famille de sept à neuf enfants. Il y avait aussi de nombreux rats musqués célibataires, qui vivaient seuls dans des trous dans la berge.

De peur que certains de nos lecteurs ne connaissent pas une « prairie à castors », expliquons qu'à une certaine époque, il y a très longtemps, peut-être deux cents ou peut-être cinq cents ans, des castors vivaient ici et construisaient un barrage de l'autre côté du ruisseau. tous les castors le font. Le barrage a refoulé les eaux du ruisseau et a inondé le fond de la vallée, noyant ainsi tous les arbres qui n'avaient pas été coupés et écorchés par les castors. Ces arbres, bien sûr, sont tombés et se sont décomposés, de sorte qu'il ne reste même plus de souches ou de racines. Au fil du temps, soit les castors ont été exterminés par les trappeurs, soit ils ont épuisé leurs réserves de nourriture dans cette vallée et ont ensuite émigré vers un autre cours d'eau. En l'absence des constructeurs, qui doivent constamment effectuer des réparations, le barrage s'est brisé et les broussailles qu'il contenait se sont délabrées. Il ne restait que les pierres et la terre utilisées pour sa construction pour marquer l'endroit où il retenait autrefois un étang à castors couvrant plusieurs acres. Cet espace était resté marécageux depuis quelques années et aucun arbre n'y poussait. Il était maintenant recouvert d'une épaisse couche d'herbe.

De nombreux endroits de ce type se trouvent dans la forêt et sont toujours connus sous le nom de prairies à castors. Ils marquent incontestablement les endroits où vivaient autrefois des colonies de castors, même si cela aurait pu être plusieurs années auparavant.

Les pionniers clairvoyants et clairvoyants qui se sont installés dans l'État de l'Iowa, avec une sagesse prophétique et une fierté civique d'espoir, ont chargé les étiquettes de leurs communautés du mot « City ». Au bout de quatre-vingts ans, le dernier recensement dénombrait vingt-trois « villes » dans cet État comptant chacune moins de mille habitants. Parmi eux, six en possèdent moins de trois cents chacun. "Promise City" a acquis en quatre-vingts ans deux cent soixante-dix-huit habitants, tandis que "Walnut City" bat le record avec trente.

Nous ne savions pas à l'époque, et nous ne le savons pas aujourd'hui, combien d'habitants il y avait à Muskrat City, mais nous sommes convaincus qu'ils étaient plus nombreux que les citoyens de certaines villes de l'Iowa.

Au moment où nous atteignîmes le fond de la vallée, la pluie cessa de tomber et en quelques minutes le soleil brillait. Non seulement nous étions mouillés, mais nous réalisions maintenant que nous avions faim. Notre heure habituelle de déjeuner était largement dépassée. Des paniers de poisson ont été détachés de notre dos et nous avons constaté que nos sandwichs avaient été réduits par la pluie à un gâchis pâteux mélangé à de la pâte à papier. En effet, une partie substantielle de nos rations avait été transformée sous forme liquide et distribuée tout au long de notre parcours à travers les bois.

Sans perdre de temps en vains jurons ou en discussions, Bige se mit aussitôt à allumer un feu sur la plage de gravier du ruisseau. C'était l'une de ces occasions où une boîte d'allumettes étanche s'est avérée utile. Mais il faut aussi savoir faire un feu dans les bois sans allumettes. N'importe quel boy-scout peut vous dire comment procéder.

La nature a fourni de l'écorce de bouleau frisé pour le petit bois, justement pour des situations d'urgence comme celle-ci, et elle est généralement sèche du côté sous le vent de l'arbre. Au bout de quelques minutes, un feu rugissant et crépitant s'alluma, et nos vêtements - autant que la pudeur indigène le permettait - étaient suspendus à des jeunes arbres que nous avions coupés et enfoncés dans le sol autour du feu.

Pendant que ce travail était en cours, j'ai suspendu ma canne, j'ai remonté le ruisseau jusqu'à la lisière du bois et j'ai attrapé quelques truites dans un trou profond. J'en ai eu six beaux en environ deux fois plus de lancers.

Bige a habillé le poisson pendant que je récupérais des feuilles d'érable rayées. Elles sont à peu près aussi grosses que des feuilles de chou mais plus fines. Chaque poisson était enveloppé dans une de ces feuilles qui était attachée avec un morceau de ficelle. Les paquets étaient ensuite plongés dans le ruisseau pour mouiller les feuilles, puis enterrés dans des cendres chaudes et recouverts de charbons ardents. Au bout d'une quinzaine de minutes, nous avons sorti notre poisson du feu. Les emballages étaient carbonisés et ressemblaient à des bâtons brûlés. En les ouvrant, nous avons trouvé la peau du poisson collée aux feuilles carbonisées et elle s'est libérée de la chair, qui était rose et fumante.

Pour préserver la délicieuse saveur de la truite fraîchement pêchée, c'est la meilleure méthode de cuisson que je connaisse. Une fine couche intérieure d'écorce de bouleau vert, ou un morceau de papier, si vous en avez, fera l'affaire comme emballage.

Les autres modes de cuisson, en l'absence des ustensiles culinaires habituels, sont nombreux. Nous avons pratiqué la méthode suivante : l'extrémité pointue d'un jeune arbre vert mince est enfoncée dans la bouche d'un poisson et dans le sens de la longueur dans la partie solide de son corps. L'autre extrémité du bâton, qui doit mesurer trois pieds de long, est enfoncée dans le sol et le bâton est plié de manière à amener le poisson directement au-dessus d'un lit de charbons ardents et non au-dessus du brasier. Grâce à cette méthode, plusieurs poissons peuvent être grillés en même temps. En d'autres occasions, nous avons allumé un feu plus grand, avec de plus gros bâtons de bois, trouvé des pierres plates de douze à quinze pouces de diamètre sur lesquelles nous avons allumé le feu et, lorsqu'elles étaient assez chaudes, nous les avons traînées et avons déposé notre poisson sur les pierres pour cuisiner. C'est aussi une excellente façon de cuire le bacon et nous l'utilisons parfois même lorsqu'une poêle à frire est à portée de main. Bien sûr, nous lavions les pierres dans le ruisseau avant de les mettre au feu. Mais alors, on peut être sûr que le feu tuera tout microbe parasite que la pierre pourrait abriter.

L'écorce de bouleau fraîchement pelée constitue d'excellentes assiettes sur lesquelles servir des repas primitifs tels que ceux décrits.

Le déjeuner terminé et nos vêtements secs, nous avons discuté de notre prochain déménagement. Comme il ne restait plus personne chez Dan'l qui pourrait s'inquiéter de notre absence, nous avons décidé de rester à Muskrat City pour la nuit, puis de partir tôt le matin vers le début d'un sentier vers la civilisation.

Pour réaliser ce programme, la première étape consistait à préparer un abri et un lit. L'absence de hache était un handicap, mais nos grands couteaux de poche étaient faits pour servir. À environ dix pieds de notre cheminée gisait le corps couvert de mousse d'un pin tombé à travers la prairie, il y a peut-être cinquante ou soixante-quinze ans. Nous avons coupé deux jeunes arbres et les avons enfoncés dans le sol à sept pieds de la bûche et à cinq pieds l'un de l'autre, en laissant une fourche sur chacun de ces poteaux à cinq pieds au-dessus du sol. Un poteau était posé en travers des deux fourches, et d'autres poteaux étaient posés en pente depuis celui-ci jusqu'au rondin. Ensuite, nous avons pelé l'écorce de bouleau jaune pour recouvrir le toit et ancré l'écorce avec de lourds bâtons au-dessus. Les broussailles empilées contre les deux côtés constituaient une protection suffisante contre le vent et la façade était ouverte vers le feu. Des branches de baume ont été ramassées pour le lit et du bois de chauffage a été ramassé ; puis nous sommes descendus du ruisseau pour pêcher et explorer.

Au cours des vingt-cinq dernières années, Bige et moi avons construit de nombreux abris d'une nuit similaires, dans des parties de la forêt très éloignées les unes des autres. Nous avons dormi confortablement sous eux quand il pleuvait. Nous avons parfois trouvé du givre blanc au sol le matin. La forêt fournit à portée de main les matériaux nécessaires, et le travail qu'elle implique n'est qu'un élément du plaisir de l'exploration forestière.

A un demi-mille en aval du ruisseau, nous le trouvâmes vidé dans un ruisseau plus large, où nous remplissâmes bientôt un panier de truites. Nous avons également cueilli un chapeau de framboises. Nous sommes rentrés en ville à temps pour un dîner matinal et comme nous n'avions pas de vaisselle à laver, nous avons eu tout le temps de discuter de notre emplacement probable et de la route la plus prometteuse à poursuivre dans la matinée.

Le principal charme de l'exploration réside dans l'incertitude de toujours trouver ce que l'on commence à trouver, et dans la certitude égale que l'on peut trouver autre chose, peut-être encore plus intéressant ou plus précieux que ce qui était au programme.

Colomb n'a pas réussi à découvrir une route occidentale vers l'Inde, mais il a trouvé autre chose et s'est inscrit dans l'histoire et son buste au Temple de la renommée.

Bige et moi n'avons pas réussi à atteindre Plum Pond, mais nous avons trouvé mieux. La pêche dans nos deux ruisseaux était tout ce qu'on pouvait désirer. Il y avait des preuves que la chasse serait bonne dans ce « coin de pays », lorsque la saison de chasse devrait s'ouvrir, et il était peu probable que d'autres chasseurs pénètrent dans cette région éloignée. Bige voyait de grandes possibilités dans la récolte des animaux à fourrure lorsque la chasse serait terminée et que le piégeage commencerait.

Ainsi, même si nous étions désespérément perdus (?) dans « une forêt impénétrable », nous dormions confortablement et paisiblement, ne sortant de notre nid qu'occasionnellement lorsque le feu nécessitait un autre morceau de bois. Ce n'est qu'à de telles occasions que nous avons vu ou entendu les résidents permanents de Muskrat City. Au fur et à mesure que le feu était allumé et qu'un nouveau bâton était lancé dessus, provoquant une pluie d'étincelles vers le haut, on entendait alors une succession rapide d'éclaboussures alors que quinze ou vingt rats plongeaient dans le ruisseau et se précipitaient vers leurs cachettes. Sinon, ils vaquaient à leurs occupations en silence.

Le lendemain matin, vers sept heures, nous escaladâmes la crête par laquelle nous étions arrivés à Muskrat City et, prenant soigneusement note des points de repère, nous nous dirigeâmes généralement vers l'est. On ne peut généralement voir qu'à courte distance dans une forêt vierge . Après deux heures de voyage lent et difficile, nous gravissons une colline haute et raide. Lorsque nous avons approché le sommet, nous avons remarqué un rebord rocheux au sommet. En grimpant au sommet, nous avions une vue dégagée et étendue sur les vallées et les contreforts, et avons vu des sommets de montagnes dans toutes les directions.

Montagne Owl's Head au loin

À une longue distance vers le nord-est se dressait le plus haut sommet de tous, que nous savions, de par sa hauteur et ses deux sommets arrondis et nus, être le mont Owl's Head. Nous savions également qu'il n'y avait que deux milles entre le sommet d'Owl's Head et le camp Dan'l Boone. Nous avons braqué la boussole sur ce sommet et avons pris un nouveau départ vers la maison. Pendant de nombreuses années, Bige et moi avions chassé la perdrix et le cerf sur tous les versants de cette montagne et sur ses contreforts. À plusieurs reprises également, nous avions atteint son sommet chauve. Alors maintenant, en revenant dans son ombre, nous devrions être en terrain connu.

Jim Flynn vit maintenant sur le mont Owl's Head , depuis le moment où la neige a fondu dans les bois à la fin du printemps jusqu'à ce qu'elle recommence à tomber à l'automne. Jim est employé par la State Conservation Commission pour surveiller les incendies dans les forêts. Lorsque Jim découvre le début d'un incendie n'importe où dans son champ de vision, le fait et l'emplacement sont signalés par téléphone au chef des pompiers, lorsque des hommes équipés d'outils sont dépêchés depuis la colonie la plus proche pour éteindre l'incendie avant qu'il ne dépasse. contrôle. Ce service a été créé en 1909 avec des postes d'observation au sommet de tous les hauts sommets de la chaîne des Adirondacks. Depuis cette date, aucun incendie de forêt catastrophique n'a eu lieu dans cette région.

Jim Flynn

Jim vit dans une cabane en rondins qu'il a construite juste en dessous de la corniche rocheuse qui recouvre le sommet. Sur le point culminant, une tour d'acier de trente-cinq pieds de haut porte son poste d'observation au-dessus de la cime des arbres. C'est un endroit plutôt solitaire où vivre la moitié de l'année. Les jours de pluie, lorsqu'il y a peu de risque qu'un incendie se déclare, Jim est autorisé à rendre visite à sa famille dans la colonie au bord du lac et à rapporter des provisions fraîches.

La cabane de Jim Flynn

Jim est heureux de recevoir des visiteurs dans sa station au sommet d'une montagne et, pour les encourager, il a tracé un excellent sentier jusqu'au point le plus proche du lac Long, à environ trois milles, et l'a marqué de panneaux indiquant la voie à suivre. montagne. Jim vous prêtera sa jumelle, nommera les points d'intérêt en vue, vous préparera du café, si vous apportez le nécessaire, et discutera avec vous des dernières questions politiques, philosophiques ou religieuses.

Jim dans sa tour de guet

Dans un livre intitulé « The Adirondack, or Life in the Woods », publié en 1849, l'auteur JT Headley raconte sa visite au sommet du mont Owl's Head, avec son guide, Mitchell Sabattis, un Indien, et le premier colon du lac Long. Headley dit qu'en revenant, ils « se sont égarés et sont restés quatorze heures sans nourriture ». Il décrit ainsi la vue depuis le sommet d'Owl's Head :

> "Il regarde au loin une perspective qui ferait s'arrêter votre
> cœur dans votre sein. Regardez ailleurs vers cet horizon
> lointain ! Dans son large parcours autour du ciel, il
> parcourt près de quatre cents milles, tandis qu'entre deux
> sommeille un océan mais c'est un océan de cimes d'arbres.
> Imaginez, si vous le pouvez, cette vaste étendue qui
> s'étend et s'étend jusqu'à ce que le vert éclatant se
> transforme en un noir profond, sans aucun bruit pour
> briser la solitude, et sans une largeur de main de terre en
> vue partout. le tout. C'est un vaste océan-forêt, avec des
> crêtes de montagnes pour vagues, roulant doucement et
> doucement comme la houle s'apaisant d'une tempête. Je
> me tiens au bord d'un précipice qui jette sa paroi nue loin

jusqu'aux sommets de la mer. sapins en contrebas, et admirez ce spectacle sauvage et étrange. La vie que les villages, les villes et les champs cultivés donnent à un paysage n'est pas ici, ni la stérilité et la sauvagerie de la vue de Tahawus . végétation – végétation luxuriante et gigantesque ; mais l'homme n'y est pour rien. Il se tient tel que le Tout-Puissant l'a fait, majestueux et silencieux, sauf lorsque le vent ou la tempête souffle sur lui, réveillant ses myriades de voix basses qui chantent :

'La basse éternelle sauvage et profonde
Dans l'hymne de la nature.'

Oh, comme il sommeille sous moi, calme et solennel ; tandis que très loin, là-bas, à gauche, s'élèvent vers le ciel les sommets massifs de la chaîne des Adirondacks, adoucis ici, par la distance, en beauté. Pourtant, il y a un soulagement à cette vaste solitude forestière : tels des joyaux dormant dans un lit de mousse, les lacs scintillent partout sous le soleil radieux. Avec quel calme et avec quelle confiance ils reposent au sein du désert ! On en compte trente-six, me dit un chasseur, depuis ce sommet, bien que je n'en vois pas plus de vingt. * * * Certains d'entre eux ont de quatre à six milles de largeur, et pourtant ils ressemblent à de simples étangs à cette distance et au milieu d'une telle masse de verdure.

J'ai contemplé de nombreuses perspectives montagneuses dans ce monde et dans l'ancien monde, mais cette vue a éveillé une toute nouvelle catégorie d'émotions. »

Jim divertit un invité sur la montagne

Alors que Bige et moi descendions la pente raide depuis notre belvédère, nous avons été rapidement ensevelis parmi les conifères, avec pour seule vue étendue le ciel bleu et les nuages flottants au-dessus de la cime des grands arbres. Compte tenu de l'expérience de la veille, la boussole fut fréquemment consultée, mais les déplacements étaient difficiles et les progrès lents.

Une heure plus tard, nous arrivâmes à une petite cabane en rondins, avec un toit en écorce d'épicéa, sans plancher, mais une porte à poinçon et une fenêtre. Dans un coin se trouvait une cheminée grossière faite de pierres, avec deux longueurs de tuyau de poêle qui traversaient la fenêtre pour faire une cheminée. En face de la cheminée se trouvait un lit de baume et dans un autre coin un tas de gomme d'épicéa. Il y avait aussi une poêle à frire, une assiette en fer blanc, un couteau et une fourchette, et sur une étagère en écorce de la nourriture. Nous quittons la cabane et sur un chemin à quelques encablures, nous rencontrons son propriétaire qui revient. Il était d'un âge incertain, mais avec des cheveux blancs et une barbe blanche et hirsute. Il portait un sac en partie rempli de gomme et dans une main une longue perche avec une petite pièce d'acier en forme de pelle fixée à une extrémité. Cet outil lui permettait de détacher une boule de gomme qui était trop haute sur le tronc de l'arbre pour être atteinte autrement.

L'homme s'est avéré être Sam Lapham. Bige le connaissait et j'avais souvent entendu parler de lui. Sam a passé la majeure partie de l'été à collecter de la gomme d'épinette, qu'il a pu vendre à bon prix. Cette partie peu fréquentée de la forêt était l'un de ses emplacements de camping pendant la « saison du gommage ». La sève collante de l'épicéa s'écoule à travers les fissures du bois et s'accumule sur l'écorce où elle pend en morceaux allant de la taille d'un pouce d'enfant jusqu'à la taille d'un œuf de poule. Au cours des années d'exposition à l'air, cette matière poixeuse cristallise, « mûrit » et devient de la gomme d'épicéa. Après enquête, nous avons appris qu'il existe une demande constante de gomme d'épicéa, mais une offre insuffisante puisque peu de gens font une affaire de collecte. Il apparaît que quelques kilos de gomme d'épicéa clarifiée et une quantité égale de "chicle" d'Amérique du Sud sont mélangés à un chargement de cire de paraffine et d'extrait aromatisant, le résultat étant le "chewing-gum" du commerce qui est distribué par celui-ci. -cent machines à sous, et fournit des exercices pour les muscles de la mâchoire de la génération montante. On estime que plus de cinq millions de dollars sont dépensés chaque année en chewing-gum aux États-Unis.

Blue Mountain vue depuis Owl's Head

Il est également possible de mâcher de la gomme d'épicéa pure, telle qu'elle est extraite du tronc de l'arbre. Je l'ai essayé. Dans cette opération, il faut « faire attention à ses pas » pour éviter le tétanos. Il faut au moins faire preuve de prudence jusqu'à ce que la contrepartie soit bien « démarrée ». Je comprends que dans certains endroits, il est possible, à un prix plus élevé, d'acheter de la gomme d'épinette « commencée ».

Nous sommes arrivés chez Dan'l à temps pour un déjeuner tardif et nous n'avons pas été plus mal lotis par notre exploit. Pendant que nous étions sur notre montagne d'observation , nous avons reconnu plusieurs lacs et étangs et avons appris que Plum Pond était loin de Muskrat City et au sud de celle-ci. De plus, sur place, sur un morceau d'écorce de bouleau, nous avons réalisé une carte topographique de la région en vue et tracé une nouvelle route vers Muskrat City. Cet itinéraire n'était pas une ligne droite directe. C'était un détour, mais il éviterait les marécages, les vallées profondes et les crêtes abruptes, et entrerait également dans la ville en suivant le ruisseau.

Après être allés à notre quartier général au bord du lac pour nous ravitailler, une semaine plus tard, nous avons fait un autre voyage à Muskrat City. Cette fois, nous avions emporté une petite tente, une hache et de la nourriture pour une semaine. Pendant notre séjour, nous avons construit un camp en rondins. Il était placé sur une étagère, ou un espace étroit et plat sur le flanc d'une colline escarpée, à environ soixante-dix pieds au-dessus du fond de la vallée. L'étagère était juste assez large pour notre bâtiment et la cheminée devant. Il y avait beaucoup de pierres au sol avec lesquelles nous avons construit la cheminée. Nous avons choisi cette élévation pour notre chantier car elle serait au-dessus des brouillards qui s'installent souvent la nuit au fond d'un vallon, sur un ruisseau ou un étang.

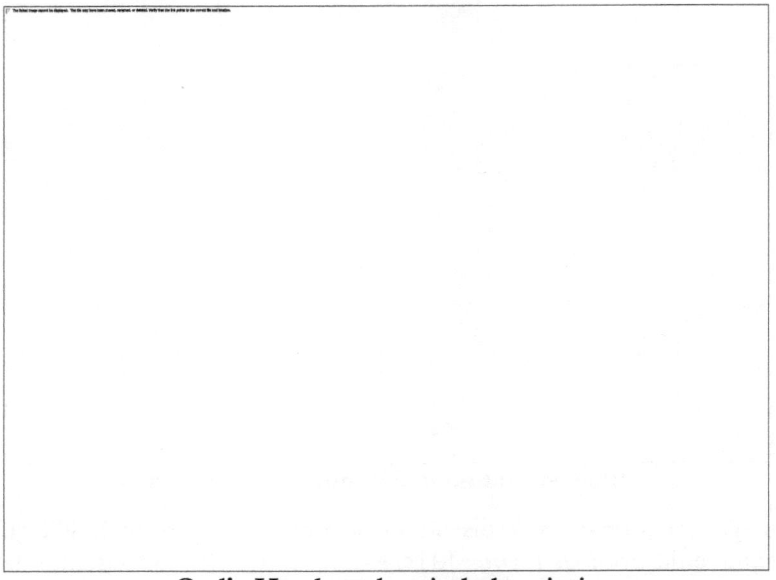

Owl's Head sur le toit de la scierie

Un ruisseau, dévalant le flanc escarpé de la colline, drainant une source froide au-dessus, passait à moins de trente mètres du camp et nous fournissait le genre d'eau potable qu'en ville nous achetons trente cents le litre. C'est une denrée que la nature distribue généreusement dans toute cette région montagneuse. Sur chaque flanc de colline, on peut trouver une ou plusieurs sources d'eau pure et douce, ayant une température d'environ quarante degrés pendant les jours les plus chauds de l'été. Ici, les rhumatisants, les dyspeptiques , les diabétiques et les personnes souffrant de reins peuvent avoir les poisons lavés de leur organisme ; tandis que l'air balsamique guérit la déchirure de sa machine respiratoire. Ces processus peuvent se poursuivre, non pas pendant qu'il est assis sur le porche d'un hôtel et réfléchit à ses problèmes, mais pendant qu'il campe, explore, pêche, chasse et oublie ses handicaps.

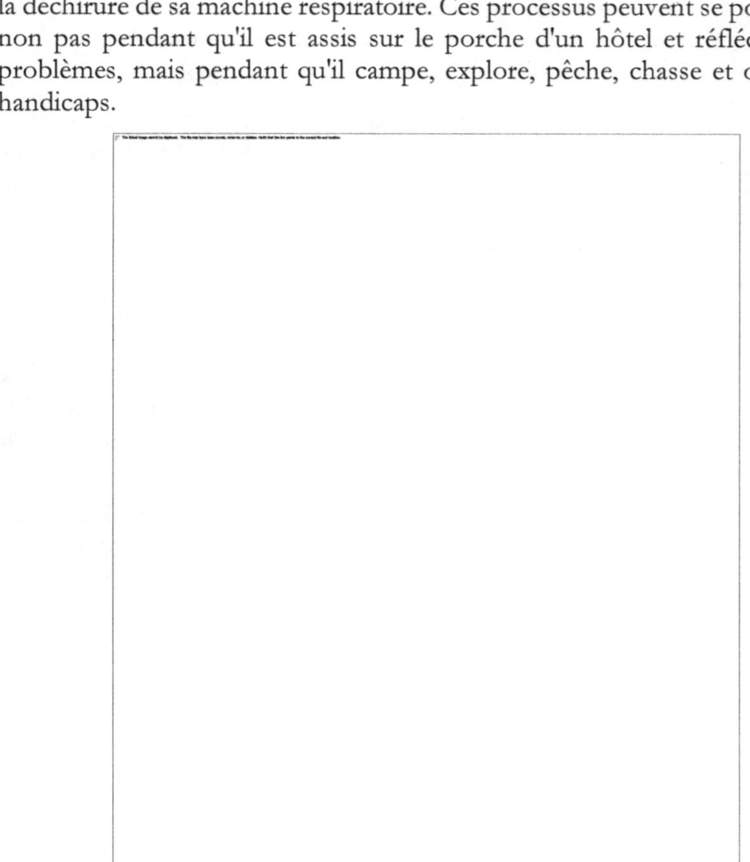

À l'intérieur du camp de Muskrat City.

Bige et moi avons fait de nombreux voyages et passé de nombreux jours à Muskrat City. Nous avons exploré une grande partie du territoire forestier adjacent. Pendant la saison, nous mangions fréquemment de la perdrix grillée, du chevreuil et d'autres gibiers, tandis que quelques minutes de pêche chaque jour fourniraient toutes les truites que nous avions toujours envie de manger. Lorsque nous avions besoin de varier notre régime alimentaire, nous pouvions descendre le cours d'eau sur environ trois kilomètres jusqu'à un étang et attraper un tas de barbottes ou de grenouilles.

Nous avons fait la connaissance de nombreux animaux à fourrure qui vivaient dans le quartier. Bige s'y intéressa beaucoup, car il attendait toujours avec impatience la saison hivernale, lorsqu'il étendrait son ancienne ligne de piégeage à travers les montagnes jusqu'à cette vallée. C'est en effet l'un des motifs qui ont motivé la construction du camp. Cela lui fournissait un endroit pour dormir à l'extrémité extérieure de son circuit de piégeage.

Personnellement, depuis de nombreuses années, je ne pratique pas le sport très intense du piégeage. Je représenterai donc le trappeur par procuration. Lorsque la neige dans la forêt atteint de quatre à cinq pieds d'épaisseur, on peut se déplacer en raquettes sur la cime des buissons de sorcières et de nombreux autres sous-bois qui, en été, gênent les déplacements. Néanmoins, ce n'est pas un jeu d'enfant que de traîner une paire de raquettes à quinze ou vingt milles par jour, de visiter cent cinquante pièges, de les réamorcer et de les réinitialiser, d'écorcher les animaux capturés et de rapporter les peaux à la maison. Bien entendu, tout cela doit souvent être fait lorsque le thermomètre est bien en dessous de zéro. Sur une ligne de piégeage aussi longue que celle-là, une pension confortable à l'extrémité extérieure de la boucle était, pour de nombreuses raisons, très souhaitable.

L'un des visiteurs fréquents du ruisseau qui traversait Muskrat City, en contrebas de notre camp à flanc de colline, était un vison. Elle attrapait souvent de petites truites, de trois à cinq pouces de long. Certains d'entre eux étaient mangés sur place, d'autres étaient transportés jusqu'à son nid dans un trou de la berge. Ils ont sans aucun doute été nourris pour sa famille de neuf jeunes visons à moitié adultes.

Un vison

Le vison est un petit animal au corps long et mince et aux pattes courtes. Il marche plutôt maladroitement, le dos cambré vers le haut, mais il peut se déplacer rapidement et gracieusement dans un mouvement bondissant. De cette manière, il parcourt souvent de longues distances. Dans une zone d'élevage, les visons pillent le poulailler, mangent les œufs et tuent les jeunes poules. Dans les bois, les visons attrapent des souris, des grenouilles et mangent des œufs de sauvagine, mais ils se spécialisent dans les petits poissons. Pour piéger le vison, un morceau de poisson constitue un bon appât. Un grand nombre de peaux de vison sont nécessaires pour fabriquer un vêtement en fourrure destiné à un être humain, mais compte tenu de sa petite taille, le trappeur obtient un bon prix pour une peau de vison.

Sur le flanc de la colline à l'arrière de notre camp, on pouvait parfois voir une martre poursuivant un écureuil roux sur le sol, le long d'un tronc d'arbre, à travers les branches, sautant d'un arbre à l'autre, et généralement attrapant et mangeant l'écureuil. Nous ne nous soucions pas s'il le fait. L'écureuil roux mange les œufs de perdrix et nos sympathies vont à la perdrix.

La martre est l'un des animaux les plus gracieux et les plus beaux de nos forêts. Il a un riche pelage brun et vit dans des zones reculées et inaccessibles de la nature. Il est plus timide envers l'animal humain que le vison. Il est également environ trois ou quatre fois plus gros que le vison et attaque et tue parfois un vison ou un lapin. La martre variera, lorsque cela est possible, son alimentation en mangeant des noix et des petits fruits.

La martre fait son nid de mousse, d'herbe et de feuilles, dans un arbre creux, une bûche ou parmi les rochers. Ils ont également été trouvés vivant dans un nid d'écureuil, sans doute après avoir tué les écureuils. Appâtez votre piège pour une martre avec un tamia, un rat des bois ou un morceau de viande.

Une martre

Une marmotte se promenait parfois dans l'un des sentiers dans l'herbe du pré. Un agriculteur s'opposerait vigoureusement à la présence d'une marmotte dans son pré, où cet animal détruirait une quantité surprenante de trèfles. Dans cette prairie forestière, personne ne s'y est opposé et, comme la marmotte ne mange ni poisson ni chair, elle n'a jamais été agressée. Sa femme doit cependant garder ses petits, car il y a plusieurs habitants sans scrupules de cette forêt qui les mangeraient sans le moindre scrupule.

Un autre homme rôdait dans notre vallée, bien qu'il habite sur les crêtes. Il est plus gros qu'une martre et c'est aussi un bel animal, mais d'un type quelque peu différent. Il atteint parfois une longueur extrême de trois pieds et demi et pèse dix-huit ou vingt livres. Il est connu comme un « pêcheur ». Parfois aussi appelé « chat noir » ou « renard noir ». Le pêcheur est très féroce et est craint de tous les animaux pas plus gros que lui. Il est puissant et agile ; le plus rapide et le plus mortel de tous les petits carnivores forestiers. Il tuera la martre, le vison, le raton laveur, le rat musqué, le lapin et parfois un renard. Un pêcheur attaque un porc-épic, le renverse et lui mord le ventre et la partie inférieure du corps, là où il n'y a pas de piquants. Néanmoins, les pêcheurs, lorsqu'ils sont piégés, sont souvent trouvés avec des piquants de porc-épic dans la peau et dans diverses parties du corps.

Le pêcheur attrape des truites et en prend des plus grosses que celles qui satisferaient le vison. Il n'est donc pas notre ami. Le pêcheur est également accusé du crime d'avoir suivi la trace du trappeur à travers les bois, de voler ses pièges et de manger les animaux qui y étaient capturés. Bige a juré qu'il "aurait cet homme l'hiver prochain" et qu'il "obtiendrait trente-cinq dollars pour sa peau". (Maintenant, cela rapporterait une somme beaucoup plus importante.) La procédure appropriée serait de placer un deuxième piège en acier, plus grand, soigneusement couvert et enchaîné à un arbre, mais sans appât, dans une position telle que lorsque le pêcheur entreprend son action autoritaire. jeu de vol sur lequel il marchera et sera lui-même pris dans le deuxième piège.

Il y avait bien sûr notre vieil ami le raton laveur. Il trouvera un camp n'importe où, et si l'on n'y prend garde, il trouvera le garde-manger du camp et s'en tirera avec la nourriture. Le coon a des mains (pieds avant) comme un singe, et il peut les utiliser avec autant d'habileté. Le coon mange tout ce qu'un humain mange, et quelques autres choses. Il fait ses ravages en grenouilles et en truites, et il ne dédaigne pas les parures de truites que nous préparons pour notre propre table. Presque n'importe quel type d'appât fera l'affaire pour le piège à coon, et un manteau d'automobile en peau de coon fera l'affaire pour l'homme ou la femme qui en a le prix.

Les renards roux étaient rarement vus de jour dans notre campement urbain, mais la nuit, on les entendait souvent aboyer. Le renard est un animal très intéressant et qu'il vive dans un pays agricole ouvert ou dans une forêt profonde, on lui attribue le mérite de « vivre par son intelligence ». Par ses actes, il fait preuve de capacités de raisonnement remarquables et d'une capacité d'adaptation aux conditions qui se présentent, même si elles n'ont peut-être jamais été remplies auparavant. Dans les bois, sa nourriture est similaire à celle de la martre, bien qu'il ne puisse pas grimper sur un arbre pour capturer sa proie. Le renard se spécialise dans les perdrix et autres oiseaux qui nichent au sol.

A propos d'un piège, le renard est très rusé. Les traces dans la neige apparaissent lorsqu'il en a visité une, et il réussit généralement à lancer un piège sans s'y prendre. Peu importe avec quel soin il peut être dissimulé, il peut, et il le fait souvent, retirer le piège, le renverser, le faire jaillir du dessous , puis retirer l'appât. Chaque trappeur a sa méthode préférée pour contourner cette astuce rusée. Les systèmes préférés incluent l'utilisation d'un deuxième piège sans appât, sur lequel le renard est censé marcher pendant qu'il joue avec le piège appâté.

Le rêve et l'espoir de toute vie de trappeur est d' attraper un jour un renard anormal, noir ou gris argenté ; dont la peau coûte un prix fabuleux. Une telle prise équivaudrait à trouver une mine d'or. Bien sûr, si ces renards bizarres étaient capturés plus souvent, leur fourrure aurait moins de valeur.

Le fait que, malgré le nombre de mangeurs de truites, nous y compris, qui vivaient ou erraient dans notre vallée, il y avait encore beaucoup de truites dans les ruisseaux, était à nos yeux la preuve concluante qu'il n'y avait pas de loutre dans les environs. Une loutre nettoiera les truites d'un ruisseau en quelques jours. Il en mangera beaucoup et laissera le reste mort sur la rive, puis se déplacera vers un autre lieu de pêche, à dix ou quinze milles de là. Mais rien ne prouve qu'une loutre ne puisse pas se promener dans cette vallée à un moment donné de l'hiver, lorsque les pièges sont tendus. La loutre est une grande voyageuse ; aussi, dans un magasin de fourrures, c'est un aristocrate.

Les différents lièvres, lapins blancs ou lapins d'Amérique, comme on les désigne de diverses manières, étaient nombreux dans et à proximité de Muskrat City. Ils étaient souvent aperçus au début de la soirée, rarement à midi. Comme de nombreux petits animaux forestiers, ils sont des rôdeurs nocturnes. Sans doute dans un but protecteur, la nature confère à cet animal, comme le cerf et quelques autres, la faculté de changer la couleur de son pelage au fil des saisons. Lorsque la neige tombe en automne, cette race de lapin mue sa fourrure brune d'été et revêt un nouveau pelage aussi blanc que la neige elle-même. Encore une fois, lorsque la neige fond et disparaît au printemps, le lièvre changeant perd sa fourrure blanche et acquiert une nouvelle robe brune pour l'été. Les pattes postérieures de cet animal sont exceptionnellement grandes, surtout en hiver lorsque les longs doigts étalés sont entièrement recouverts d'une fourrure encore plus longue, formant ainsi de larges coussinets en forme de raquettes qui permettent à leur propriétaire de se déplacer librement sur la neige profonde et molle. Il est curieux que les traces laissées dans la neige par cet animal montrent les grandes empreintes étalées des deux pattes postérieures, placées en avant des empreintes plus petites des pattes antérieures, qui, à la fin d'une pente, remontent toujours en arrière. .

Lorsqu'il est surpris, ce lapin a l'habitude de cogner rapidement le sol avec ses pattes postérieures, produisant un bruit de tambour sourd qui peut être entendu à une distance considérable. On dit également que ce battement est un signal utilisé pendant la saison des amours.

Il y a plusieurs années , j'ai été témoin d'une bagarre entre un de ces lapins et un chat domestique. Le lapin était captif, enfermé par une clôture étroite dans un enclos d'environ seize pieds carrés, dans un coin duquel se trouvait un nid couvert contenant sept jeunes lapins. Le chat était monté dans l'enclos et essayait de voler un bébé lapin, lorsque la mère a sauté sur le dos du chat et lui a fait un rapide tatouage avec ses pattes postérieures, et sans doute avec les ongles des orteils étendus, car l'air était rempli de fourrure volante. . Le chat s'est échappé par la clôture, mais pendant plusieurs jours, il a eu mal au dos, sans protection par sa fourrure normale.

Le lapin d'Amérique est généralement sans défense face à ses nombreux ennemis forestiers et devient une victime facile pour le trappeur. Son régime alimentaire est strictement végétarien et, dans son habitat forestier , il ne fait aucun mal à l'homme ou aux autres animaux.

Les rats musqués, propriétaires de la ville, étaient cependant les plus présents. Ils occupaient le centre de la scène forestière et retenaient toujours le plus d'attention. Peut-être était-ce dû au fait qu'il y en avait plus dans notre vallée que n'importe quel autre animal. Peut-être parce que le rat musqué est l'animal à fourrure le plus nombreux en Amérique du Nord. On rapporte qu'en 1914, dix millions de peaux de rats musqués américains ont été vendues à Londres. Bien sûr, au cours de la même année, d'autres millions furent vendus sur les marchés de fourrures de diverses villes des États-Unis.

Un rat musqué et sa maison

Le rat musqué a un corps compact d'environ douze pouces de long, du nez à la racine de la queue. La queue est longue, nue et écailleuse, légèrement aplatie verticalement. Il est utilisé comme gouvernail dans l'eau. Les pattes postérieures ont des toiles courtes et sont par ailleurs adaptées à la nage. Sa fourrure est fine et dense, entrecoupée de poils longs et drus. Sa couleur est brun terre d'ombre foncé, sauf sur le ventre qui est gris. Il a une odeur musquée due aux sécrétions d'une grosse glande. Le rat musqué est très prolifique, ayant généralement plusieurs portées de petits au cours d'une saison, totalisant souvent jusqu'à dix-huit au cours d'un été.

Les rats musqués se nourrissent de racines et de tiges de plantes aquatiques succulentes et d'autres légumes, variés avec occasionnellement une grenouille, un poisson ou une palourde d'eau douce. Un rat musqué qui habite près de notre chalet a l'habitude d'ouvrir les palourdes et de déposer les coquilles sur notre quai tous les soirs. Les obus, nous sommes obligés de les balayer le matin. "Musky" construit dans le marais, au bord d'un étang ou près d'un ruisseau, une curieuse maison ou pavillon en forme de cône. Il stocke des racines et des herbes pour l'hiver, les insérant fréquemment avec de la boue dans les murs de sa maison. Puis, en cas de pénurie d'autres aliments, il mange sa maison.

Les rats musqués célibataires ou non accouplés creusent parfois des trous dans la rive d'un étang ou d'un ruisseau, faisant leur entrée sous ou près de l'eau. En outre, ils construisent parfois leurs nids dans des herbes enchevêtrées ou dans des tas de broussailles.

Une peau de rat musqué rapporte au trappeur un rendement unitaire inférieur à celui de tout autre animal à fourrure qu'il capture. Mais il en obtient davantage, de sorte que si les conditions du marché sont favorables, le revenu total de ses captures sera probablement satisfaisant. Dans la confection de vêtements en fourrure, l'humble rat musqué tient cependant une place importante. Dans une usine de fourrure, grâce à l'utilisation habile de pinces à épiler pour arracher les gros poils gris, à l'utilisation de machines à tondre et à flamber, à l'aide de teintures (« made in Germany ») de différentes couleurs, sa peau est efficacement masquée et il en émerge non seulement en plus grand nombre que les peaux de toute autre bête à quatre pattes, mais encore complètement transformé en apparence et se déguisant sous plus de pseudonymes différents que ceux autorisés à tous les autres animaux à fourrure réunis.

Par exemple, l'ancien résident de Muskrat City peut apparaître dans la salle d'exposition du marchand de fourrures sous les noms de « vison de rivière », « martre des montagnes », « zibeline des vallées », « castor d'épinette », « pêcheur de ruisseau », « raton laveur domestique », « Renard à flanc de colline », « loutre d'eau douce », « phoque d'Hudson », etc., etc. Aussi, parfois, il rend de bons services sous le simple « rat musqué ».

Au cours de nombreuses saisons depuis notre première visite, les trappeurs ont retiré de leur dos les manteaux de nombreux habitants de Muskrat City. Celles-ci se sont transformées et couvrent désormais, par temps froid comme par temps chaud, le dos des femmes d'autres villes. De plus, leurs voisins à quatre pattes ont capturé et mangé de nombreux rats musqués ; néanmoins, la colonie semble être aussi nombreuse que lorsque nous l'avons connue pour la première fois.

Les neiges de vingt hivers sont tombées dans la forêt depuis que Bige et moi avons mis Muskrat City sur la carte et depuis que nous avons construit le camp sur le flanc de la colline au-dessus. D'autres trappeurs ont suivi la piste de Bige à travers les bois et ont fait des ravages parmi les habitants. Mais je suis convaincu que si un recensement était effectué aujourd'hui, on constaterait qu'en termes de population, Muskrat City se maintient à égalité avec certaines villes de l'Iowa.

Sans aucun doute, c'est une sage disposition de la nature que les animaux, oiseaux et poissons qui sont le plus tués et mangés par les autres, deviennent les plus prolifiques. Une telle réduction de leurs rangs peut être nécessaire pour éviter la famine, la maladie ou un désastre encore plus grave parmi eux. Compte tenu de leurs nombreux ennemis prédateurs, sans oublier le tueur humain de poissons, il est merveilleux que des truites de taille légale se retrouvent dans un ruisseau.

Les bruits de la nuit en forêt sont toujours intéressants. Pendant que le feu de camp brûle, les habitants de la forêt à proximité immédiate sont généralement silencieux. L'incendie est pour eux une expérience inhabituelle. Cela les attire. Ils en sont fascinés, tout comme les petits garçons par un cirque, et pendant qu'il brûle, ils sont susceptibles de suspendre leurs occupations habituelles et d'observer l'éclat et le scintillement de l'incendie et les ombres étranges qu'il projette. Beaucoup des moins timides peuvent s'approcher assez près, d'autres, plus prudents, tourneront tranquillement et prudemment à une distance considérable mais toujours en vue du feu. S'il devait y avoir une légère chute de neige au sol, les traces visibles dans la neige le matin révéleront les noms des visiteurs au feu de camp.

Cependant, plus tard dans la nuit, lorsque le feu s'est éteint et n'est plus visible, les voisins de la forêt reprennent leurs occupations habituelles, et le campeur éveillé peut écouter le crépitement des pas précipités, le grattement des ongles des pieds sur l'écorce. comme un grimpeur qui monte ou descend un tronc d'arbre, au reniflement du curieux qui renifle le camp, au bavardage du gars qui parle tout seul, aux bruits de sauts ou de sauts, aux éclaboussures dans le ruisseau, à le dernier cri désespéré d'un petit animal alors que sa vie est écrasée par son ravisseur. Un cerf, marchant doucement le long de son sentier battu qui descend la vallée jusqu'à un étang où il va chaque soir pour boire, pour des plantes aquatiques, ou tout simplement pour se vautrer, peut rencontrer une brise apportant à ses narines l'odeur humaine. Il fera ensuite retentir son clairon, qui peut être entendu à un kilomètre et demi. Dans ce cas, le campeur éveillé ne doute jamais de qui a parlé. La même chose est vraie lorsque le hibou lance à travers la vallée son éternelle question : « Qui ? Aucun autre oiseau ou bête ne parle jamais sur le même ton de voix. Mais la plupart des petits bruits de la nuit forestière sont des sujets de spéculation. On cherche toujours instinctivement à analyser et à attribuer chaque bruit à son auteur. Dans ce jeu, une connaissance approfondie des habitudes des habitants de la forêt est utile, de sorte que, lors du petit-déjeuner du camp le matin, on puisse affirmer avec confiance qu'un tel a visité le camp la nuit dernière !

Lorsque, comme cela arrivait parfois, Bige et moi étions réveillés en même temps, l'heure du petit-déjeuner était rendue intéressante par des opinions divergentes et des discussions sur les habitudes et l'identité de nos voisins bruyants. Il y a, bien entendu, de nombreux oiseaux et quelques animaux qui dorment la nuit et que l'on ne rencontre que pendant le jour. Ces éléments n'ont pas été pris en compte dans nos discussions.

Une nuit à Muskrat City, Bige et moi avons été soudainement réveillés par des bruits très inhabituels venant de la direction de la colline de l'autre côté de la vallée. Bige s'est mis en position assise et s'est exclamé : « Sufferin ' Cats ! Avez-vous entendu ce bruit ? » Je l'ai fait; et a exprimé l'opinion que "la souffrance des chats était aiguë". Immédiatement, les sons se répétèrent, si possible plus fort qu'auparavant. Il serait difficile de décrire avec précision ces sons. Cela nous a rappelé les disputes que nous avions entendues, dans la cour arrière, entre deux chats Thomas, dont les disputes verbeuses sur leurs revendications respectives sur "Mariah" se terminaient souvent par des égratignures et des arrachages de poils. Cependant, je n'ai jamais rencontré de chat capable de produire un dixième du volume de bruit qui traversait cette vallée.

Il y avait deux voix, l'une un peu plus aiguë que l'autre, et toutes deux parlaient en même temps. Commençant par un gémissement grave comme le dernier cri désespéré d'une âme perdue entrant en perdition, les remarques se succédaient en volume crescendo, et avec une rapidité toujours croissante, des épithètes étaient lancées par les concurrents jusqu'à ce que les déclarations hargneuses et sarcastiques soient assez justes. » cracha, se terminant par des cris qui pouvaient être entendus à des kilomètres. Après un intervalle de quelques secondes pendant lequel les adversaires semblaient avoir changé de position, la discussion reprenait, se déroulant comme auparavant, sauf qu'à chaque répétition la colère et la violence des ferrailleurs augmentaient. Au plus fort de l'une de ces tirades, on entendit le grattage et le déchirement des ongles des pieds sur l'écorce alors qu'un combattant bavard semblait pourchasser l'autre sur le tronc d'un arbre et à travers les branches. Cela fut rapidement suivi par deux bruits sourds, comme ceux d'un corps lourd après l'autre frappant le sol, puis par le bris de bâtons, le bruissement des feuilles et des broussailles tandis que les deux animaux gravissaient à toute vitesse le flanc escarpé de la colline. La course était ponctuée de grognements et de claquements, qui s'éteignaient au loin alors que les combattants de la langue franchissaient la crête jusqu'à ce que les sons deviennent finalement inaudibles. La nuit était noire et à aucun moment nous n'avons aperçu, même indistinctement, les ferrailleurs. Nous spéculons encore et nous nous demandons qui ou quoi ils étaient.

Cette histoire a été racontée à de nombreux chasseurs et trappeurs familiers avec les forêts des Adirondacks. Des avis ont été demandés quant à l'identité probable de ces animaux belliqueux. Jusqu'à présent, aucune suggestion plausible ou raisonnable n'a été faite. Certains anciens disent que le conte leur rappelle des expériences d'il y a cinquante ou soixante ans, lorsque le lynx bai, le lynx roux ou le chat sauvage faisaient de ces bois et de ces montagnes leur demeure et leur terrain de chasse ; mais ils ont été exterminés. Aucun de ces chats n'a été vu depuis plus d'une génération.

Ni Bige ni moi ne connaissons d'animal capable de faire le genre de bruit particulier que nous avons entendu cette nuit-là à Muskrat City. Notre suggestion est que les chats sauvages sont peut-être revenus.

Un hiver, un nombre inhabituel de tempêtes de neige se sont produites, se succédant rapidement jusqu'à ce qu'il y ait une accumulation de neige de plus de cinq pieds de profondeur dans toute la forêt et sur le toit de notre camp à Muskrat City. S'en sont suivis de la pluie et du gel, transformant la neige en glace. Le poids considérable de la glace et de la neige s'est avéré trop lourd pour le toit et celui-ci s'est effondré. Au printemps suivant, un grand érable tomba sur le camp et le réduisit en une épave informe et enchevêtrée. Notre camp en rondins à Muskrat City a disparu, mais il restera un souvenir pour toujours !

FIN DE LA VILLE DE MUSCRAT

www.ingramcontent.com/pod-product-compliance
Lightning Source LLC
LaVergne TN
LVHW041446170726
843492LV00008B/2834